我的旅遊手冊

台北

新雅文化事業有限公司
www.sunya.com.hk

我的旅遊計劃

小朋友，你會跟誰一起去台北旅行？請在下面的空框內畫上人物的頭像或貼上他們的照片，然後寫上他們的名字吧。

登機證
Boarding Pass

台北 TAIPEI

請你在右面適當的位置填上這次旅程的相關資料。

出發日期：

______ 年 ______ 月 ______ 日

回程日期：

______ 年 ______ 月 ______ 日

旅遊目的：

- ☐ 觀光
- ☐ 探訪親人
- ☐ 遊學
- ☐ 其他：______________

在出發前，要先計劃活動，你可以跟爸爸媽媽討論一下行程安排。
請在橫線上寫上你的想法吧。

- 我最想去看的建築物：

____

- 我最想去的地方：

____

- 我最想吃的美食：

____

- 我最想做的事情：

____

- 我最想購買的紀念品：

____

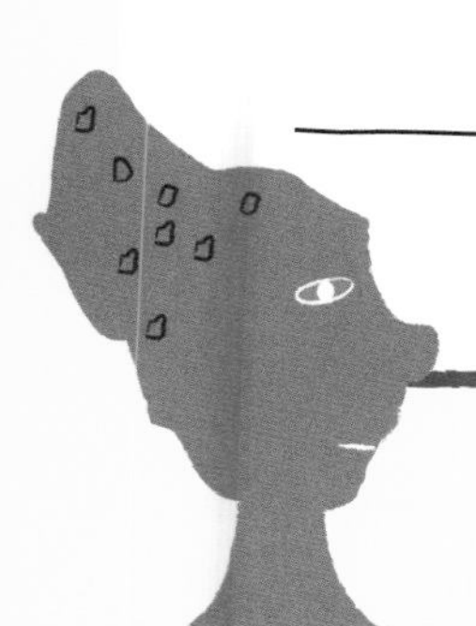

台北

Taipei

——台灣的主要城市

你好！

小朋友，快來一起到台北這個美麗的城市，認識台灣的文化吧！

認識台灣

正式名稱：中華民國

地理位置：東亞

台灣是一個海島，四面環海，位於中國的東南沿海，東面為太平洋，北面為日本沖繩縣，南面是菲律賓羣島。台灣處於熱帶及亞熱帶氣候區，有壯麗的自然景觀與豐富的生態資源，這裏住着很多不同種族的原住民。

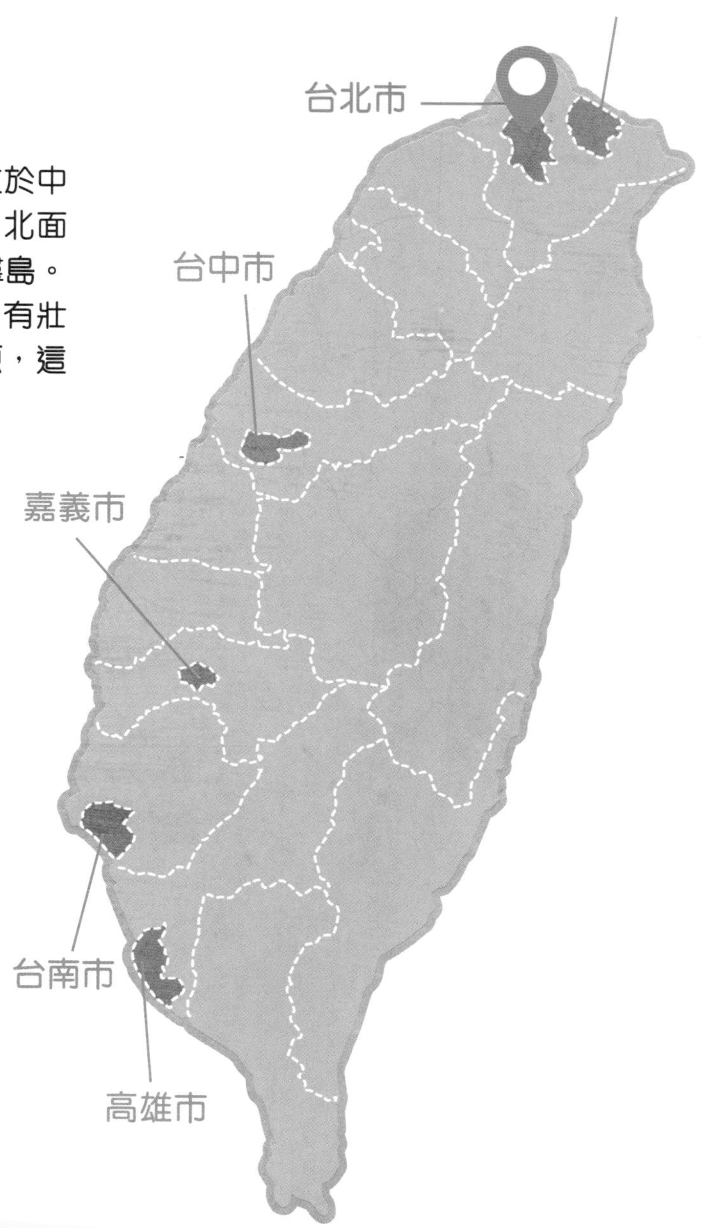

主要城市：台北市

語言：國語、台灣閩南語、台灣客家語

貨幣：新台幣

考考你

小朋友，你知道台灣盛產哪幾種茶葉嗎？

參考答案：龍井茶、碧螺春和烏龍茶等。

台北的天際線

小朋友，你能分辨出以下這些台北的地標嗎？請從貼紙頁中選出合適的貼紙貼在剪影上。

小知識

台北是台灣的主要城市。台北不但有宏偉的現代化摩天大樓，同時也保留了很多舊城區的歷史建築物和水岸自然景觀，是一個充滿活力和多元化的國際大城市。

台北 101

台北 101 是一座樓高 101 層的摩天大樓，它曾經是世界上最高的建築。小朋友，你知道台北 101 大樓到底有多高嗎？請從貼紙頁中選出香港匯豐總行大廈貼紙貼在剪影上比比看，然後在橫線上填寫正確的數字。

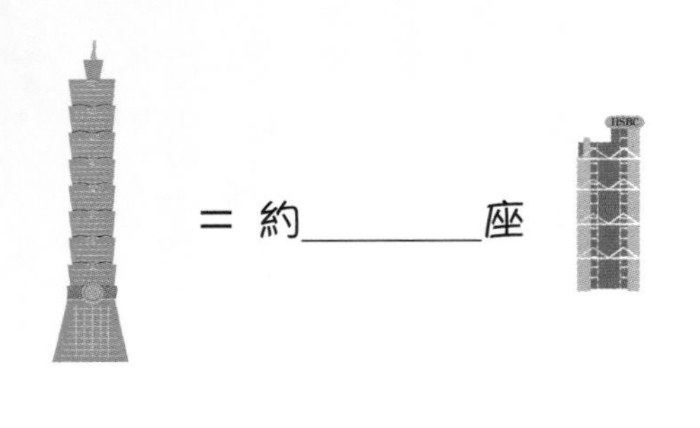

= 約＿＿＿＿＿座

我的小任務

請你在 101 大樓上寫一張明信片並寄給親友吧。

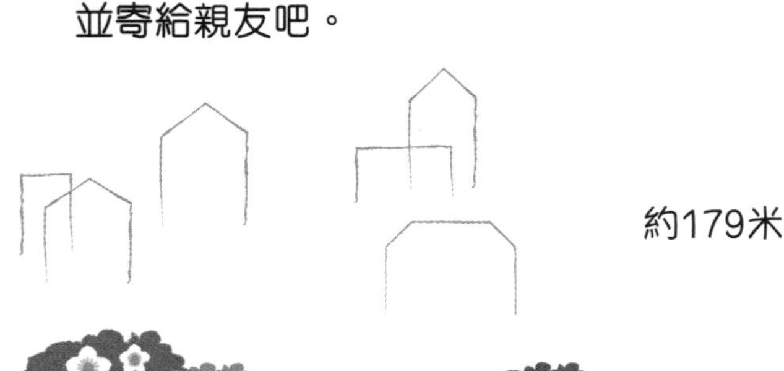

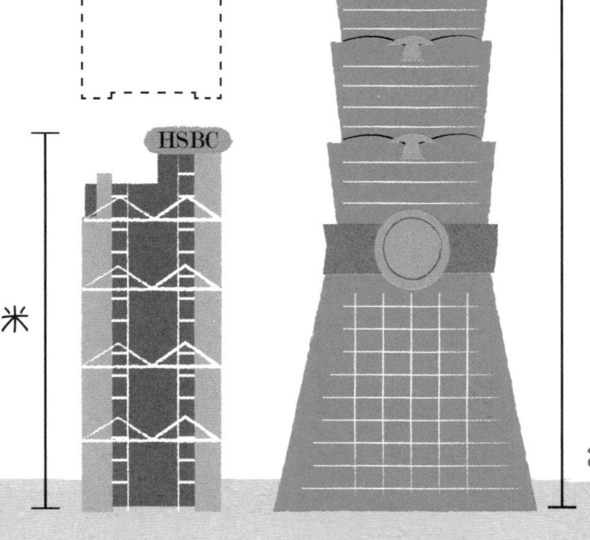

小知識

台北 101 是一座代表着台灣的傑出地標建築，樓高 508 米。它是一幢商業大廈和著名的旅遊購物景點，你可以在大樓內找到著名的餐廳，嘗到地道的小籠包，以及各國美食。在大樓的觀景台上，遊客們可以俯瞰台北的城市面貌和欣賞美麗的夜景。在每年除夕夜，人們會在這座大樓舉辦大型的跨年倒數活動與新年煙火表演。

故宮博物院

台灣的故宮博物院的歷史悠久，院內藏有很多珍貴的文物。小朋友，你知道在參觀博物院時，有哪些行為是不對的嗎？下圖中有四處人們做得不對的地方，請把他們圈起來。

小知識

台灣的故宮博物院建於 1965 年，外形採用中國宮殿式建築，收藏了多達 65 萬件中華文物，是一個中華歷史文化寶庫。故宮博物院裏有三件珍寶是遊客必看的文物，包括兩件巧奪天工、栩栩如生的玉石：東坡肉形石和翠玉白菜，還有毛公鼎。

答案：

西門町

西門町是一個繁華的街區。這裏店舖林立，
吃喝玩樂應有盡有，深受旅客和本地人歡迎。
請從貼紙頁中選出合適的貼紙貼在剪影上，
看看這個熱鬧的街區有什麼特色吧。

小知識

在西門町，有各式各樣的店舖，包括特式小吃店、時裝飾物店、潮流玩意的店舖，還有餐廳、大型書店和電影中心等娛樂場所呢。

熱鬧的夜市

台北有很多大大小小的夜市，你可以到大型的觀光夜市，例如市林夜市、寧夏夜市、饒河街夜市等逛逛，試試地道的小吃。小朋友，快來看看他們在賣什麼東西。請從貼紙頁中選出合適的貼紙貼在剪影上。

炸雞排
滷味
胡椒餅
棺材板
大腸包小腸
果汁
地瓜球

夜市吃喝玩樂

台北的夜市除了有各式美味的小吃外，還有很多有趣的遊戲呢。請從貼紙頁中選出合適的貼紙貼在剪影上，看看夜市裏有哪些有趣的遊戲吧。

中正紀念堂

中正紀念堂是台北的另一個重要標誌，很多遊客都會到這兒來認識台灣的歷史文化。除此之外，這裏的庭園區也是春天賞花的好去處呢。請你把下圖中的空白位置填上美麗的顏色吧。

小知識

中正紀念堂是為紀念蔣介石總統而興建的，它佔地廣闊，建築雄偉。在紀念堂周邊的庭園裏，栽滿了各種美麗的花卉樹木，包括：櫻花、繡球花、桂花、杉木和彩葉植物等等，園內還有很多松鼠、不同的雀鳥（如野鴿、喜鵲、翠鳥和紅冠水雞）以及蝴蝶等昆蟲。

淡水老街

淡水是一個美麗的河畔觀光景點，也是一個吃地道小吃和購買手信的好地方。小朋友，請從貼紙頁中選出合適的貼紙貼在剪影上，看看這兒有什麼特色吧。

小知識

位於淡水老街附近的漁人碼頭也是著名的觀光區。遊客們都喜歡到碼頭、行人木棧道和情人橋欣賞美麗的夕陽餘暉或踏單車。

古樸的九份老街

九份是一個充滿古樸小鎮風情的地方，遊客們都喜歡來這裏購買手信和欣賞美麗的海景。請從貼紙頁中選出合適的貼紙貼在剪影上，看看這裏有什麼特色吧。

小知識

九份是一個依高山地勢而建的社區，道路崎嶇多彎，這裏最著名的老街是一條長長的石板路。在九份的觀景亭上，可以眺望美麗的海景呢。

天燈之鄉

要欣賞台北的自然風光，遊客可以選擇乘搭平溪鐵路來到十分親親大自然。平溪的「十分車站」是一個著名的放天燈活動景點。這裏售賣很多色彩繽紛的天燈，真熱鬧呢。小朋友，請在下面的天燈上寫上你的願望吧。

十分車站

·我的願望·

怎樣放天燈？

1. 把願望寫在不同顏色的天燈上。
2. 燃點起天燈。
3. 讓天燈升高到空中，祈求庇佑。

小知識

放天燈是平溪的傳統活動，遊客們來到這裏都喜歡入鄉隨俗，體驗一下放天燈許願。相傳天燈放得越高，願望就越早實現。每年元宵節，當地都會舉辦平溪天燈節，進行大型的放天燈活動。

台北市立動物園
台北市立動物園又稱木柵動物園，這裏住着很多野生動物，看！有些動物走失了，請從貼紙頁中選出動物貼紙貼在適當的位置上，把動物們帶回家吧。
我的小任務
當你遊覽動物園時，請找出以下的動物，每找到一種，就在 ■ 內加上✓吧。
■ 梅花鹿
■ 長頸鹿
■ 企鵝
■ 斑馬
■ 鴕鳥
■ 河馬

温泉之鄉

在台灣旅遊時，很多遊客都喜歡到溫泉旅館去體驗泡溫泉呢，例如北投溫泉區、烏來溫泉和礁溪溫泉等。請從貼紙頁中選出合適的貼紙貼在剪影上，看看大家在做什麼吧。

考考你

泡溫泉時，要注意泡的時間不能太長，你知道泡多久就要從水裏出來休息一下嗎？

A 每 5 分鐘

B 每 15 分鐘

C 每 30 分鐘

答案：B

小知識

台灣是一個有名的溫泉鄉，島上四處有很多不同的溫泉分布。有些溫泉公園設有收費便宜的公眾溫泉和免費公眾泡腳服務，其中有些公眾溫泉要求入浴者穿上泳衣。另外，有些店鋪更設有溫泉魚，讓很多細小的魚兒給顧客咬腳皮呢。

昆蟲王國

台灣是一個寶島，好山好水，有美麗的自然景觀，住着很多不同種類的昆蟲。小朋友，請你把圖中空白位置填上美麗的顏色吧。

小知識
台灣有「昆蟲王國」之稱，島上有上萬個不同品種的昆蟲，其中以獨角仙、甲蟲和蝴蝶的品種最多。遊客們可以到位於大安森林公園附近的台灣昆蟲博物館和位於中正區蝴蝶宮昆蟲科學博物館，認識昆蟲的生活環境和欣賞各種昆蟲標本。

陽明山

陽明山四季都有不同的自然景色，尤其在春天時，這兒鮮花盛開，蝴蝶飛舞，吸引了很多遊客來觀光。小朋友，下圖中有三處人們做得不對的地方，請把他們圈出來。

小知識

陽明山是台北著名的大型國家公園，這裏有豐富的動植物生態環境，還有温泉、森林和瀑布。在 1 至 4 月的花季，這裏會出現一片美麗的花海，花兒爭豔鬥麗，有櫻花、杜鵑花、海芋和竹子湖等，是遊客們賞花的著名景點。

答案：

野柳地質公園

位於台北市郊的野柳地質公園是著名的觀光景區，這裏有世界聞名的「女王頭」岩石。小朋友，快來看看下面這些奇形怪狀的石頭吧，你認為它們像什麼，請說說看。

小知識

野柳地質公園位於海岸邊是一處岬角，從山上遠眺，它的形狀看似潛入海中的巨龜，故又名「野柳龜」。海岸邊的岩石長期受到日曬雨淋、風吹雨打等自然環境侵蝕，造成了各種奇怪有趣的形狀和海洞等海蝕奇觀。在公園旁還有一個海洋館，是認識海洋和自然地理的好去處。

台灣水果多

台灣是一個水果王國，盛產很多不同種類的水果。小朋友，你能分辨出以下這些水果嗎？請從貼紙頁中選出水果貼紙貼在適當的位置。

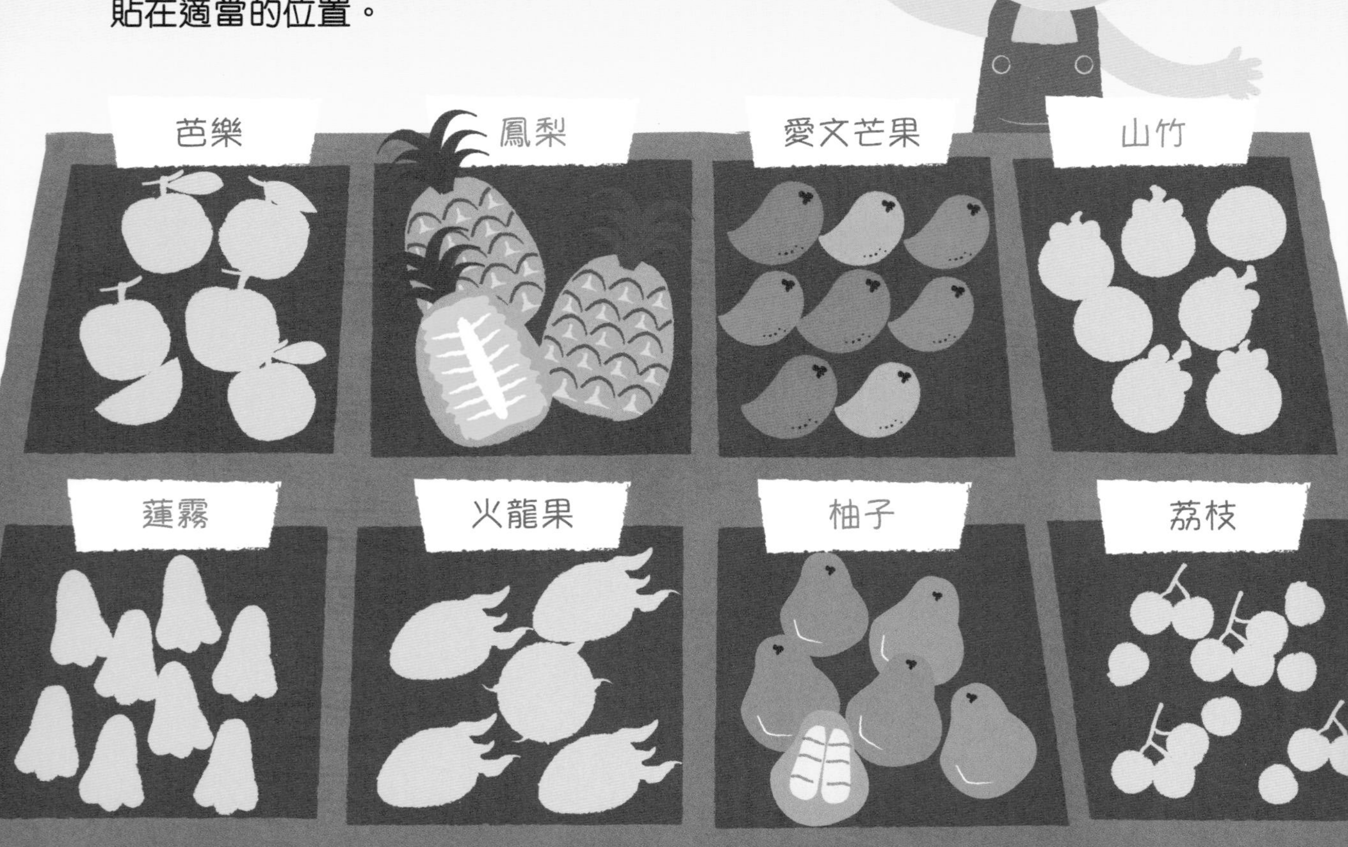

我的旅遊小相簿

小朋友，你喜歡拍照嗎？請你把在這次旅程中拍下的照片貼在下面不同主題的相框裏，以留下珍貴的回憶。

101 大樓

西門町

台灣美食

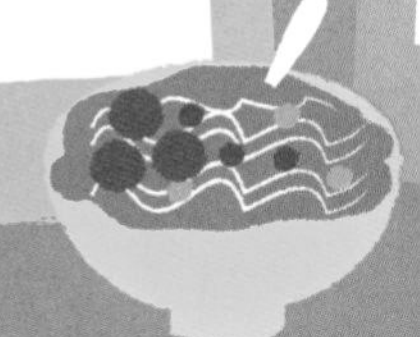

台灣水果

我的台北旅遊足跡

小朋友，你曾經到過台灣台北的哪些地方觀光？請從貼紙頁中選出合適的貼紙貼在地圖的剪影上來留下你的小足跡吧。另外，你也可以在地圖上畫出你自己計劃的旅遊路線。

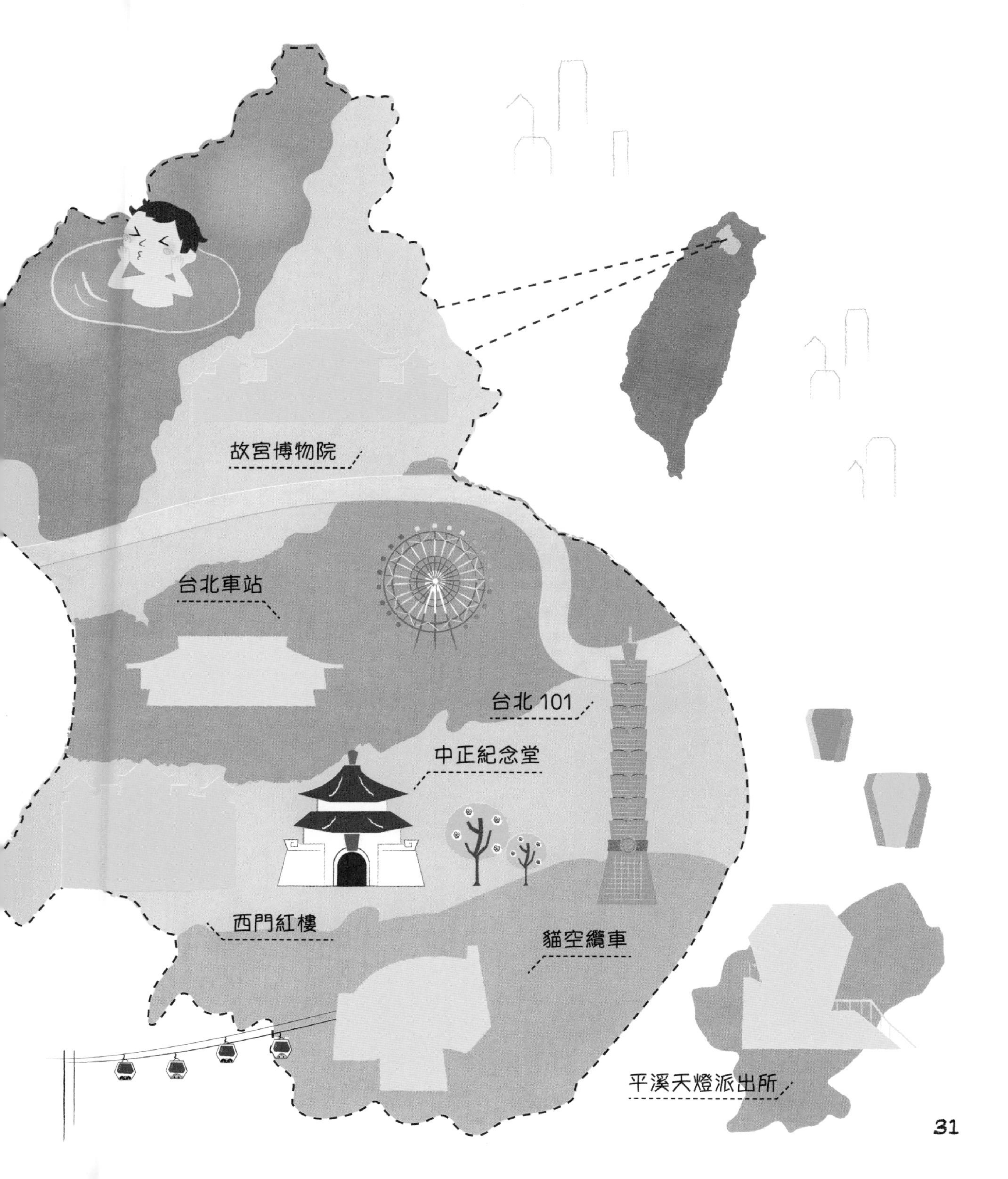
故宮博物院
台北車站
台北 101
中正紀念堂
西門紅樓
貓空纜車
平溪天燈派出所

我的旅遊筆記

你可以發揮創意，把你在旅程中看到有趣的東西畫出來。